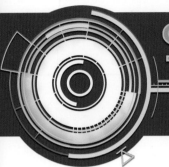

STEM
» 塑造未来丛书

人工智能

[美] 戴夫·邦德　著

徐婧　原蓉洁　译

SPM 南方出版传媒

广东科技出版社 | 全国优秀出版社

·广　州·

广东省版权局著作权合同登记
图字：19-2019-040号

图书在版编目（CIP）数据

人工智能 /（美）戴夫·邦德著；徐婧，原蓉洁译. —广州：广东科技出版社，2020.10（2022.6重印）
（STEM塑造未来丛书）
书名原文：Artificial Intelligence
ISBN 978-7-5359-7493-8

Ⅰ.①人…　Ⅱ.①戴…②徐…③原…　Ⅲ.①人工智能　Ⅳ.①TP18

中国版本图书馆CIP数据核字（2020）第103972号

人工智能
Rengong Zhineng

出　版　人：朱文清
责任编辑：温　微　黎青青
封面设计：钟　清
责任校对：李云柯
责任印制：林记松
出版发行：广东科技出版社
　　　　　（广州市环市东路水荫路 11 号　邮政编码：510075）
销售热线：020-37607413
http://www.gdstp.com.cn
E-mail：gdkjbw@nfcb.com.cn
经　　销：广东新华发行集团股份有限公司
排　　版：创溢文化
印　　刷：广州一龙印刷有限公司
　　　　　（广州市增城区荔新九路 43 号 1 幢自编 101 房　邮政编码：511340）
规　　格：787mm×1 092mm　1/16　印张 5　字数 100 千
版　　次：2020 年 10 月第 1 版
　　　　　2022 年 6 月第 2 次印刷
定　　价：39.80 元

如发现因印装质量问题影响阅读，请与广东科技出版社印制室联系调换（电话：020-37607272）。

目录 | CONTENTS

栏目说明

 关键词汇：本书已对这些词语作出简单易懂的解释，能够帮助读者扩充专业词汇储备，增进对于书本内容的理解。

 知识窗：正文周围的附加内容是为了提供更多的相关信息，可以帮助读者积累知识，洞见真意，探索各种可能性，全方位开拓读者视野。

 进阶阅读：这些内容有助于开拓读者的知识面，提升读者阅读和理解相关领域知识的能力。

 章末思考：这些问题能促使读者更仔细地回顾之前的内容，有助于读者更深入地理解本书。

 教育视频：读者可通过扫描二维码观看视频，从而获取更多富有教育意义的补充信息。视频包含新闻报道、历史瞬间、演讲评论及其他精彩内容。

 研究项目：无论哪一个章节，读者都能够获取进一步了解相关知识的途径。文中提供了关于深入研究分析项目的建议。

关键词汇

智能 —— 学习、理解、迎接全新挑战乃至应对困窘局面的能力。

人工智能 —— 计算机学科的一个分支，主要研究计算机模拟人类的智能行为。

人工神经网络 —— 由多层简单却星罗棋布的神经元组成的计算系统，能够让计算机自主学习规律。

智商 —— 基于标准化测试，用于衡量个人相对智力的显化指数。

图灵测试 —— 检测计算机智能的测试，实验员通过计算机与未知"对象"对话。如果一台计算机能够让实验员辨别不出对面是真人还是计算机，则为测试通过。

摩尔定律 —— 微处理器开发的一般原则，即在成本或规模相对不变的情况下，处理能力通常每隔18个月至24个月就可以增加1倍。

第一章　何为人工智能

　　如果一个人有学习、理解、迎接挑战乃至应对困窘局面的能力，那么他就会被认为是"有智能的"。但智能的真正含义到底是什么？我们可以对其进行测量吗？这是后天培养的能力，还是我们的天赋？我们能否在计算机或者其他实体中创造出智能来？

律师可以使用计算机数据库来获取每一个记录在案的案件细节。这台机器中存储的信息量远超一名律师所能记忆的内容，但迄今为止，只有人类拥有足够的想象力来有效地利用知识。

人工智能的定义

人工智能（AI）是计算机学科的一个分支，主要研究计算机模拟人类的智能行为。其研究方向是创造出"智能"的机器或者程序——能够在某些方面使用和人类相同的方式进行思考、交流和行动。真正能像人类一样可以独立而广泛地进行思考的智能机器目前尚未问世，但科学家们已经投入大量的人力和财力以开发这种新一代的计算机。

在这本书中，我们将浏览人工智能的研究进展，思索这项新技术带来的一些疑问。关于人工智能技术应该走多远，以及人工智能带来的利益是否可以克服潜在的问题，存在着许许多多复杂的争议。人工智能已然初现曙光，人们对这些话题了解得越多，全社会便越能更好地驾驭未来。

本书并不会左右或限制读者对人工智能的看法。与之相反，它将提供这一领域的历史、技术和社会背景，引入不同的观点以及这些观点对未来的影响。由此，读者可以形成自己的观点，从知情者的角度来探讨这些问题，以充满趣味和意义的方式来参与人工智能的话题。

"智能"的概念

为了理解"人工智能"这一概念，我们首先需要知道什么是"智能"。考试通常可以测试知识和记忆，却测不出"智能"。一台经过相关编程的计算机可以在考试中拿到高分，但这并不能证明它拥有智能。虽然智能的定义有很多变体，但通常涵盖以下内容：

- 从不同的渠道（包括经验）学习新观念
- 通过理解和运用信息来影响所处的环境
- 能够处理前所未见的问题，应对困局
- 预见事件和行动的后果

其他因素还可能包括自我意识、对他人的认知，以及道德感，等等。那么，我们如何才能在计算机中创建出这些特性呢？到目前为止，我们又已经走到哪一步呢？

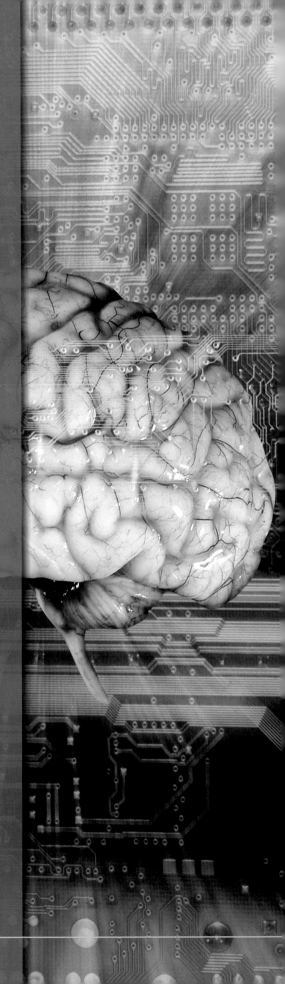

 **知识窗**

有自我意识的作曲家

"除非机器可以凭借思想和情感写出一首十四行诗，或者作出一部协奏曲，并且它能够意识到自己在进行创作，而非简单地写下单词和音符——否则我们绝不会承认机器可以等同于人脑。"

——杰弗里·杰斐逊爵士，曼彻斯特大学神经外科教授，1949

人工智能的历史

从远古时代开始，人类就希望能自己创造"智能"，比如犹太传说中的魔像（Golem）。它是一种由黏土制成的自动仆人，只要在其口中放入一枚魔法源物，就能被激活，而移除源物则会使之变回无法行动的黏土。在希腊神话中也出现了智能机器人的构想，比如火神兼铁匠赫菲斯托斯制造的机器仆从、著名的青铜人塔罗斯。

13世纪时，艾尔伯图斯·麦格努斯和罗杰·培根创造出第一个能够说话的人头模型。1515年，达·芬奇做出了一头可以行走的狮子——实际上不过是当时技艺高超的钟表匠人的功劳。到了17世纪早期，勒内·笛卡尔便提出，动物的身体只不过是复杂的机器而已。

布莱士·帕斯卡于1642年制造了第一台机械式数字计算机。1801年，约瑟夫·玛丽·雅卡尔发明了雅卡尔织布机，这是史上第一台可编程的机器，可以用打孔卡片来进行控制。17年后，玛丽·雪莱出版了《弗兰肯斯坦》，讲述某位年轻的科学家创造出了一个具有独立意识的造物。1936年，艾伦·图灵提出了通用图灵机的构想——这便是第一台数字计算机的起源。到1950年，他又设计了图灵测试，用来判别计算机的智能行为。

人工智能的现代发展史始于约翰·冯·诺伊曼在1953年发明的存储程序计算机。1956年，约翰·麦卡锡于达特茅斯会议上首次提出了

法国数学家布莱士·帕斯卡在17世纪发明了第一台机械式数字计算机。

"人工智能"这个概念。同年，艾伦·纽厄尔、约翰·肖，以及赫伯特·西蒙编写了第一个人工智能计算机程序——"逻辑理论家"。从1974年到1980年，对人工智能行业投资的批评与来自国会的压力直接导致美、英两国缩减了这方面的政府资金，这一时期被称为"人工智能的严冬"。而到了20世纪80年代，这一局面又得以扭转，因为英国加大了对人工智能的资金投入，目的是与日本在这方面做出的努力相抗衡。

1997年，IBM发明的超级计算机"深蓝"击败了加里·卡斯帕罗夫，成为首台战胜国际象棋世界冠军的机器。2005年，机器人在一条新开辟的沙漠路线上驾车行驶了13英里（约合21千米）；而在2007年，更成功地在城市环境下穿越了55英里（约合88.5千米）而没有违反任何一条交通法规。2011年，答疑系统"沃森"参加问答节目《危机边缘》（*Jeopardy*），与两位前冠军布拉德·鲁特、肯·詹宁斯同台竞争并取得了最终胜利。

2014年，"聊天机器人"尤金·古斯特曼首次通过测试，这个计算机程序能够模拟人类在互联网上与人交谈。它成功地让1/3的测试员相信，与他们对话的是一个真人——尽管这在一定程度上要归因于它声称自己未成年，而且英语只是自己的第二语言。

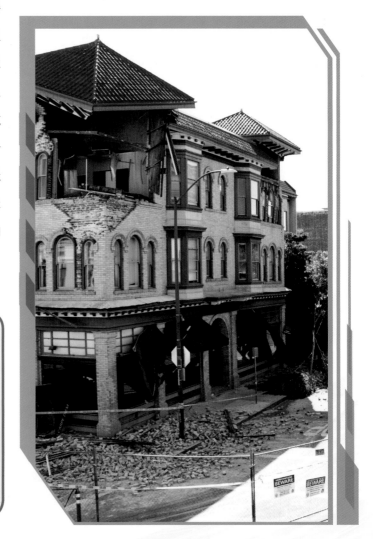

人工智能在救援工作中可以发挥的潜能极其巨大——比如右图所示为在加州遭受地震袭击的建筑物，在这种地方展开作业对人类来说可能太过危险。

有的放矢的人工智能研究

麻省理工学院是人工智能研究领域的领袖代表。那里的科学家们已经发明出可以学习、观察，以及说话的机器。这些机器甚至还能感知障碍物的位置，从而调整前进路线以避开障碍物。科学家们的工作不仅仅是单纯的研究，更有着实际的意图。他们希望更好地理解人工智能，从而制造出用途广泛的计算机和机器。

由于人工智能有很多潜在用途，科学家们希望针对目标功能开发不同的系统。而我们的家用电脑也能从大量的数据中学习，并得出智能的计算结果。人们也已经发明了一些机器人，也许造型有些呆板，但它们可以自行移动，还能通过看、听、摸等与人类相似的方式来获取信息。目前，对"拟真"机器人的研究正在迅速推进，这些机器人在外表、言谈、活动及行为方式等方面都能做到和真人无异。

就信息存储的绝对量而言，计算机可以比人类"懂得更多"。计算机能够同时处理许多事项，能够比我们更快、更彻底地比较细节或做出判断。

这台Univac电脑从20世纪50年代中期开始便占据了这间大机房的大部分空间。它是第一批能够在电子存储器中存储程序指令的计算机之一。

能够使用专门的知识来解决问题的计算机系统已经问世，其中最先进的被称为"专家系统"。这个系统可以扮演医生的角色，能够快速地将患者的症状和病史放到庞大的疾病数据库中进行比对。

"功能" VS "时尚"

智能机器人长得像人还是像冰箱，我们对它的反应可能会非常不一样。许多智能机器人一点也不像生命体，因为看起来太像活物可能对它们来说并非优点。某些智能机器人装有轮子，身上带着其他特殊工具，能够比人形机器能更有效地执行某些任务。

但是另外一些智能机器人的外表可能会跟人类或动物一样，这是要考虑它们的社会功能。

你可能会觉得有一个机器人来为你整理衣橱或者泡茶是一件很棒的事情，但是机器人也可能会给你薯片这类不健康的食物，或者认为你的衣服要皱巴巴、脏兮兮才更时髦。只有人的意识才能对这种情况进行判断。到目前为止，计算机很难将它们还没有被"教授"或被告知应该如何处理的因素列入考虑范围，但许多人认为，必须能够自己学习和思考才能被称为真正的人工智能。我们在后面会看到，AI的研究方向除了独立思考之外，还包含自我意识、创造力、情感和道德意识，等等，这些都在快速发展当中。

"机器人"被用于制造和测试用在计算机和其他消费电子设备上的印刷电路板。

制造智能机器

把一种能以对我们有利的方式进行思考、行动及互动的机器创造出来，是一项非常复杂的任务。为了实现这一目标，研究人工智能的科学家需要尽可能多地了解人类思考和行为的模式。这项任务并不简单，因为我们至今仍然不知道人类自己的大脑究竟如何运作。我们常常认为自身的很多能力都是与生俱来的，例如：

从我们的感官中获取并整合信息，以了解周围的世界；

通过协调身体而自如地四处行动；

使用语言与他人进行交流；

利用看似无关的碎片化信息来做出合情合理的决定。

我们通常不认为这些技能是衡量智能的标准——它们只不过是人类的一部分而已。而且并非所有的人工智能都需要具备以上这些能力，但它们需要掌握其中的一部分，以便在现实中发挥作用。同时，为了使其拥有这些复杂的能力，程序员必须运用创新、精密的技术来编写它们的程序。

独立思维

传统的计算机程序使用符合逻辑并且清晰的指令来找到问题的答案。比如当计算圆周率

被IBM发明的计算机"沃森"击败后，《危机边缘》的超级冠军肯·詹宁斯（左）以戏谑的口吻回应道："谨代表我自己，欢迎新一代电脑霸主。"詹宁斯和布拉德·鲁特（右）是《危机边缘》这一历史悠久的节目中两名最成功的选手。詹宁斯创造了连续赢得74场比赛的纪录，而鲁特在此之前从未在《危机边缘》里输掉任何一场比赛。2011年的这次电视直播充分体现出人工智能在过去几十年里的惊人发展。

π的值、计算10个星球的相互运动时，我们都能用十分确定的指令表示。

然而，随着任务的日趋复杂，我们对计算机的要求越来越高，这样的准确指令开始无法满足需求了。比如我们希望计算机识别手写数字的时候，很难整理出一套准确的方法去告诉计算机。既然人类可以从经验和观察中学习，将遇上的新情境与过去进行比较，那么我们自然可以想到让计算机自己学习、寻找规律。

我们可以收集几万份手写数字供计算机找规律，让计算机自己学习。

人们发明了很多种方法，其中**人工神经网络（ANN）**是最有效的。人工神经网络擅长语音识别、计算机视觉及其他需要"思考"的任务，是人工智能研究的核心所在，它能够模仿人类大脑的工作方式，不断学习、寻找规律，最终成长为一个能胜任工作的计算系统。

> 如今，我们已然可以用一种机器来制造另一种机器。像这样的机器人很快就能用来制作更多的机器人，就跟制造汽车一样。

检测智能

你可能做过一些**智商（IQ）**测试，这类测试能够判断出快速思考以及识别各种因素之间关联性的能力。但这些测试只能在某些方面对智能进行测量，而且只适用于人类。那么，我们到底要如何证明一台机器拥有智能呢？

科学家们已经提出了好几种关于机器智能的测试方法。其中最广为人知的一种便是**图灵测试**，以数学家艾伦·图灵的名字命名。艾伦·图灵指出，如果一个人通过键盘和屏幕与一台机器进行交流，而后者无法被辨认出是机器，那么这样的机器就可以被称为"智

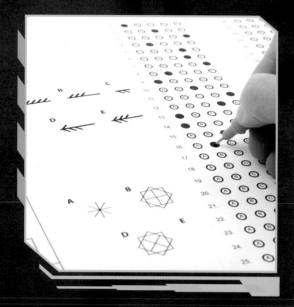

能"。世界上每年都会举办一场竞赛，用图灵测试来挑战人工智能，并向最像人类的聊天机器人颁发"洛伯纳奖"。

尽管图灵测试是一个良好的开端，但随着我们对人工智能系统的深入开发，许多科学家认为图灵测试不足以证明机器确然拥有智能。

人工智能的意义

为什么要为人工智能的发展忧心？真正的人工智能是否离我们太过遥远？

如果我们仔细考虑摩尔定律——计算机的处理能力每隔18个月至24个月增加1倍，现在的确是时候认真思索智能系统所产生的影响。各个科学领域的进步都会在某种程度上影响我们每个人，而人工智能会引发许多相关问题。

智商（IQ）测试是一种通过标准化测试来测量人类智力的方法。

许多研究领域可能存在着尚未为人所知的凶险。如果创造出比我们人类更聪明的事物，我们能否控制它们，这一点没人能说清楚。我们可能会发现这些机器的智力比预期增长得更快，然后我们又将何去何从呢？

想象一下和智能机器共同生活的世界。这会改变我们对"人"这个概念的看法吗？如果一台计算机能够思考、感知，有自己的观点，并且在某些方面比我们做得更好，那么我们看待自己和判断自己智能的方式可能会有所改变。如果我们能用无生命的材料来创造出生命体或者与生命体极其接近的事物，也许我们对于生命的意义、本质及价值的认识会因此而进化。

技术创新在很大程度上掌握在发达国家手中。研究人工智能的学者编制的系统通常会反映本国的观念、价值观及关注点——但人工智能的开发和使用可能会影响整个世界。而在技术相对落后的国家，民众对人工智能的使用方式可能没有太大的发言权，即便是在那些正在开发人工智能的国家，许多人可能对此也一无所知。

人工智能这项技术极其复杂，由此引发的问题也很复杂。谁能确保人们都能接收到需要的信息，以便做出明智的选择。每个人是否都能发出自己的声音？

我们也许可以约定只能出于"正当"目的来使用人工智能，但是不同的人对"正当"有着不同的理解。假设2001年世界贸易中心被摧毁后，美国有能力使用人工智能系统来消灭恐怖分子头目奥萨马·本·拉登及其党羽，他们会那样做吗？他们应该那样做吗？

对于这个问题，你的答案将取决于你是谁，以及你在哪里。

我们都有权参与关于世界未来的决策。我们只有了解那些影响我们所有人的争议，才能拥有做出改变的能力。而首先，你必须能够区分事实与道听途说得来的观点，并将可靠的信息从媒体的恐怖故事和公关炒作中分离出来。

如果你能做到这些，还能有根据地发表你自己的观点，你才能在这个日新月异的世界上扮演重要角色。

 **章末思考**

1. 请说出人工智能历史上的三项重大发展。
2. 阐述图灵测试的用途及运作方法。

 教育视频

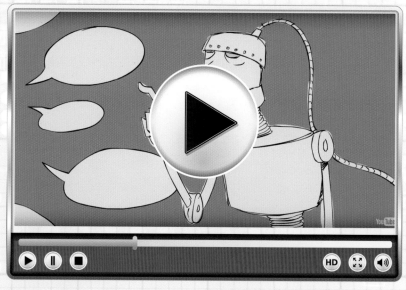

本二维码链接的内容与原版图书一致。为了保证内容符合中国法律的要求，我们已对原链接内容做了规范化处理，以便读者观看。二维码的使用可能会受到第三方网站使用条款的限制。

扫描二维码，观看一段关于人工智能测试的视频。

研究项目

通过互联网或学校图书馆来研究"聊天机器人"课题，并回答以下问题：聊天机器人能否增进现实生活中的人际关系？

有人说，聊天机器人能够改善现实的人际关系，因为它们帮助人们在不被他人评判的情况下学会如何进行交谈，使得性格内向或害羞的人有机会练习提问和回答，从而在与他人的社交互动中产生信心。

另一些人则认为，聊天机器人不利于人际关系。那些不愿意跟别人打电话或见面的人可能会依赖聊天机器人进行社交互动，不再冒险踏入现实世界。聊天机器人是一种电脑程序，它们没有真正的幽默感，不能如同真实的人一般进行创造性的随机对话。

写一篇两页的报告，使用研究得出的数据来支持你的结论，并向你的家人和朋友展示。

关键词汇

基因组 —— 包含基因的一组染色体，生物体的遗传物质。

知觉 —— 保持清醒的状态并且能够理解周围发生的事情。

第二章　机器的意识和情绪

　　勒内·笛卡尔于1637年说："我思，故我在。"活着，是通过思考、学习及行动来定义的吗？若是，对于可以实现这些功能的机器而言又有何意义？

　　机器人宠物的出现已经有一段时间了，它们是带有简单编程及传感器和控制器的电子"动物"，能在与你交谈或玩耍时做出一些反应。但它们不具备人工智能，也不能进行学习或做出自己的选择。

　　然而，未来我们可能会看到真正的人工智能伴侣看护那些需要不间断照顾的人群。最终，当所爱之人过世以后，我们或许可以拥有他们的人工智能版本——在电影《人工智能》(2001)中，某家机器人公司的董事失去儿子，一个以之为原型的机器孩子就被创造出来。当人工智能变得越来越像人类，我们可以认为它们也具有意识和情感吗？其中有没有更多的深层含义？

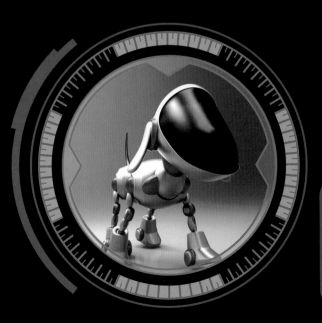

"活生生"的机器

　　随着时间的推移，"机器并非活物"这一概念正在变得越来越模糊。我们有时会用诸如"我的车挂了"或者"我的闹钟把我叫醒"之类的用法来将机器拟人化。

　　在过去的十年中，能够实现某些特定功能的机器人宠物已经相当流行。然而，这些机器人不能从它们周围的环境中学习或是适应环境，与真正的宠物并不一样。

我们能否创造一个真正"活着"的机器，取决于我们如何定义"生命"。如果我们制造的机器能独立思考、独立工作，那个时候，我们还能说它们是死物吗？倘若我们承认人工智能机器在某种意义上是"有生命的"，那在这种情况下，一个会思考的"活着"的机器应拥有什么样的权利呢？

请先仔细思索活着的意义，再尝试判断是否存在其他的生命形式——可能是我们自己创造出来的，亦可能来自浩瀚宇宙的另一端。病毒是一种非常简单的有机体，至今科学家们仍在争论它是否可以划归为生物。像人类一样，病毒内的基因组可以对其生长和活动发号施令。

现在，我们可以以一定顺序将DNA等化学物质组合在一起，制造出一种病毒——这种人造病毒的行为方式与自然界的病毒完全相同。如果把病毒看作一种活的有机体，那我们已然制造出人工生命。

创造生命

有些人可能出于宗教目的反对制作智能造物——特别是在我们不能就其是否"活着"达成一致意见的情况下。很多人都有宗教信仰，认为非自然地创造生命是只有神才能完成的创举，倘若我们可以人为地创造生命，好似上帝

在玛丽·雪莱的小说《弗兰肯斯坦》中，一位科学家从死尸上截取肢体创造出了一个"怪物"。这一造物可以行走、交谈和活动，好像活生生的人。这部小说提出了一些发人深省的问题，比如这个造物是否真正活着，以及需要具备哪些条件才能算是一个"人"。

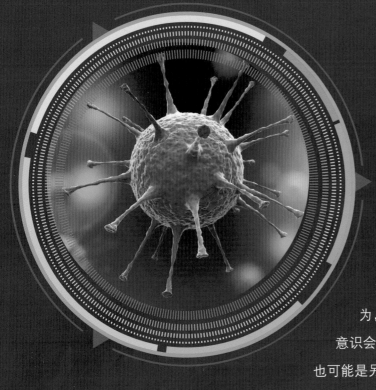

科学家已经可以在实验室里创造出病毒，这与创造智能机器在概念上有何不同？

一般行事，那便是对神明的亵渎，对宗教的不敬；另一些人认为，肉体消亡并不代表死亡，我们的意识会传递至新的生命，可能仍旧是人，也可能是另一种生命形式。

这种意识可能被称为精神、灵魂或者其他名字。那么，人工智能是否拥有精神呢？

生命与权利

每一个活着的人都拥有各种权利，甚至在许多国家，有些动物也拥有它们自己的权利。生而为人，你的某些权利——例如获得食物和住所——已经在世界范围内得到认可，并已得到联合国《世界人权宣言》的确认。在大多数国家里，国家立法保护人们受教育的权利、在选举中投票的权利，以及选择与谁结婚的权利等。

如果我们造出一个人工智能，它也同样拥有权利吗？这是一个极其深远的问题。我们可能会做出决定，认为它们有权根据各自型号获得不同的权利。如果它能进行思考、能意识到自己的存在、能感受痛苦或悲伤，那么它或许应该拥有与人类相似的权利；但从另一方面来说，如果它可以解决如何更好地建筑桥梁的难题，却没有感情，也许不应该被赋予权利。

如果我们认同智能机器是一种生命形式，那么，当我们想要关闭它的时候，可能会产生一些问题。

 **知识窗**

情感丰沛的计算机演员

  在电影《2001：太空漫游》(1968)当中，一台叫作"哈尔"的人工智能电脑杀死了三名宇航员。幸存的一名宇航员戴夫决定将哈尔拆开，这种行为意味着将其"杀死"。哈尔意识到这一点，它想要活下去，便对他发出呼喊："戴夫，住手……住手，好吗？住手，戴夫……你能住手吗，戴夫？……停下来，戴夫。我害怕……我害怕……我害怕，戴夫……戴夫……我的意识在消失……我能感觉到……我能感觉到……我的意识在消失……毋庸置疑。我能感觉到……我能感觉到……我能感觉到……我害怕……"

有些人可能会觉得它有继续存在的权利，它甚至可以自己决定是否关机。关机可以被看作是一种会导致"死亡"的行为——严格来讲，与谋杀无异。我们需要仔细考虑智能机器可以拥有什么权利，以及我们对它们负有什么责任。

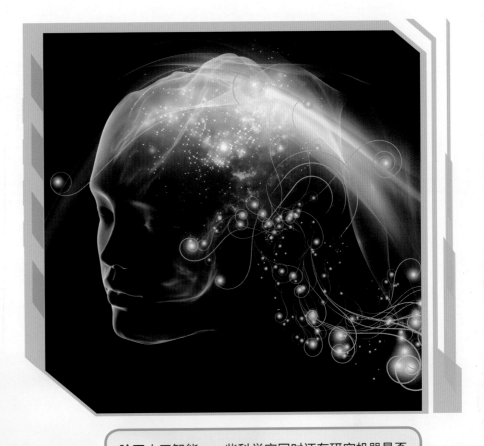

除了人工智能，一些科学家同时还在研究机器是否能发展出知觉——对周围环境的感知，以及从外部刺激中学习并采取行动的能力。

拥有知觉的机器

有"知觉"是指能够保持清醒的状态并且能够理解周围发生的事情。对于人类为何有意识，或者意识存在于体内何处（倘若确实存在于某处），目前人们尚未形成共识。我们并不知晓其他生物是否像人类一样拥有完整的意识，不过，一些智能动物应该会有一定程度的意识；另一些共同协作的生物，比如蚂蚁和蜜蜂，也拥有一种集体意识。

我们至今仍未能制造出拥有完整意识的机器，即便成功，目前也并不知道它会如何表现。也许我们会发现，它能够自动地拓展意识。如果是那样，我们便需要决定人类是否有权力限制其思考能力和自我意识的发展。

面对情感

情感及想象他人所思所感的能力使我们能够协力工作，与其他人和谐相处。如果创造出没有情感的活物，我们会遇上麻烦吗？

在日常生活中，人们会感受到许多不同的情绪：早上起床时，你可能会很高兴，也可能会因为被吵醒而有些气恼；你可能会对期望发生的事情感到兴奋或害怕；在各个不同的时刻，你可能会感到失望、愤怒、羞愧、快乐、开心或高兴——而你的情绪会影响你的所作所为。

例如，万一仓鼠因为你忘记喂食而死去，你大概会感到悲伤和内疚；当你抱着这份悲伤、歉疚之情而养了第二只仓鼠时，你可能会更容易记起来得喂养它。

如果你在某方面做得很好，或者对某个人很友善，你可能会自我感觉良好。这将激励你在未来继续努力、表现友善。

情感对我们在社会中发挥作用、与他人交往，以及学习行为模式等方面会产生影响。如果情感能够帮助我们学习，那么它对学习型机器岂不是也能发挥作用？

人造情感能令人工智能机器更有效率吗？例如，对于用于在地震中抢救幸存者的机器来说，如果它会因为找不到幸存者而感觉糟糕，而在找到时会觉得自豪，那它是否会更加努力地工作呢？

情感之于人工智能

先进的计算机系统以合乎逻辑的方式进行工作，它们凭借理性寻找问题的答案。但是，一个问题的"合理"答案并不一定可行，也不一定能被接受。即使知道什么样的答案不被接受，智能机器也可能会因为我们前后不一的行为而感到困惑。在非生即死的情况下，它会如何表现？

试想以下场景：有个人既虚弱又痛苦，而且必然会在很短的时间内死去。在这种情况下，他请求他的人工智能助手杀了他。那么，人工智能应该执行命令吗？这或许会被认为是仁慈之举，但也可能被认为是残酷且非法的行为——到底怎么看，完全取决于个人的观念、各自的家庭背景，以及他们对自己的定位。对于人工智能助手而言，这些有意义吗？

我们制造人工智能的根本宗旨之一是它们不能伤害人类。然而，教会一台机器在什么样的情况会对人——包括身体和情感——造成伤害这一点非常困难，更遑论它还需要能够预测一个人对某事物的反应能力。让机器拥有情感可能会更容易令其对人类的想法和感觉有一个正确的认识。

将情感融入人工智能机器人可以为人类带来诸多益处。2014年，《华尔街日报》在报道中指出，有着面部特征、能够语音互动、能做出类似人类动作的机器人比那些不具有这些特点的机器人更受欢迎。情感使得机器人更自然地与人互动，也可以提高效率。两名意大利科学家在2010年发明了带有情感回路的机器人，发现它们比非情感机器人更擅长完成诸如寻找食物、逃离捕食者和寻找配偶等预设任务。由此他们得出结论：拥有情感能够让机器人更好地生存。

没有感觉、不通人性的机器可能会犯下危险的错误，而有情感的机器则可能会坠入爱河、会发脾气、会恐慌、会无聊、会争辩它到底该做什么，或者只是郁郁寡欢，什么也不做！机器也会出错，就像人会犯错一样。想象一下某种计算机病毒能使所有的人工智能系统都感到沮丧，甚至让它们变得具有伤害性的场景。拥有情感的机器可能会相当危险，正如它带来的利益一般，不容小觑。

人们已经开始依赖可以互动的人工智能程序，比如苹果智能手机iPhone上的语言助手Siri。

与人工智能交谈

在使用手机的时候，你经常会跟程序对话，比如在语音信箱留言，用语音订票或者进行菜单导航。随着我们对智能系统的开发的不断深入，人机交互也会越来越多。也许电话或在线求助平台可以使用人工智能系统处理呼入的电话——毕竟目前有太多电话需要人工处理。这一设想能实现吗？

凯鹏华盈于2013年发布的一份报告称，全世界有24亿互联网用户，美国人平均每天要看150次手机。越来越多的人工智能互动程序出现在智能手机和互联网上，比如苹果的Siri、亚马逊的Echo、谷歌的Now，还有微软的小娜。它们可以用语音回答他人提出的实际问题，能够根据要求播放音乐、提供行车路线、买电影票，甚至还能做出幽默的反应。这些程序使得人机互动更像人与人之间的交流，两者之间的差异也变得更加难以区分。

有些人很难接受电视连续剧里的角色其实并非真实人物。这部分人会写信给演员，与他们聊天，并且期望他们本人跟所扮演的角色一模一样。

对于一些人来说，他们同样难以辨别通过电话与之交谈的声音——它们实际上并不属于真人，而是电脑或人工智能系统。随着人工智能系统越来越像人类，想要区分与你对话的"人"到底是不是真人会变得越来越困难，你可能会觉得完全无迹可寻。

 **知识窗**

计算机治疗专家伊莉莎

　　1966年，一个名叫"伊莉莎"的计算机系统问世，它被编程为一名治疗师。伊莉莎并不是一个真正的人工智能系统，只是使用了简单的提问技巧。它会根据人们的谈话和疑问提出更多问题，就像真正的心理咨询师可能会做的那样，去倾听一个人心底最深的感受。

　　伊莉莎并不能理解客户反馈中的真实内涵，只能根据关键词提出可能会合适的问题。然而，令研究人员感到惊讶的是，伊莉莎非常受大家欢迎。

深入交谈

　　许多人觉得与训练有素的心理顾问或治疗师交谈会帮助他们解决问题，而机器被认为不能完成这样的任务。但是最近一些试验表明，计算机治疗系统已经获得非常积极的结果。人们似乎觉得，如果机器代替人类作为谈话对象，他们可以保住尊严，同时也能保护自己的隐私。

　　我们需要审慎决定如何处理人工智能治疗程序获取的信息，如何根据该程序得出的结论进行后续操作。我们有严格的规定来限制人类医生、治疗师和牧师对保密信息的使用。因为人工智能程序可能会被入侵，我们需要类似的，甚至是额外的措施，来保护那些向其倾吐心声的人们。

进阶阅读：让计算机自己教会自己

● 硬编码

只要计算机想要完成某一个事情，就一定会用到算法。人工智能也是如此。人工智能算法和其他算法的最大的区别在于，人工智能解决问题时用到的算法不是"硬编码"。

什么是硬编码呢？举个例子，素数的定义是除了1和自身外不能被其他正整数整除的大于1的整数。你随便列出一个大于1的数，它要么是素数，要么不是素数。像这种能用准确语言构造的知识，就是硬编码。

人们也尝试使用硬编码来解决智能问题，这就是人工智能知识库方法。使用这一方法的人工智能都没有成功。最著名的"Cyc项目"就曾犯过一个"正在剃须的Fred（弗雷德，男子名）"的错误。该项目旨在把上百万条人类常识编成硬编码的形式。这些硬编码包括：

·如果a是小集合的元素，小集合被大集合包含，那么a是大集合的元素。

·唐纳德·特朗普是美国总统。

·美国总统都是美国公民。

Cyc就可以根据以上三条知识推断出"特朗普是美国公民"的结论。但是，Cyc却弄不懂"正在剃须的Fred是人"这一说法。因为：

·人没有电子零件。

·人在剃须的时候会有剃须刀。

·剃须刀有电子零件。

·Fred是人。

·Fred在剃须。

Cyc就无法判断Fred在剃须的时候是否还是人，因为人没有电子零件，但人在剃须的时候却有电子零件。

再举个例子，虽然我们人类很容易识别出在马路上跑的是一辆车，但是如果问你为什么可以判断是一辆车，你可能给出"轿车是有4个轮子、比较矮、有车门供上下的载具"这样的说法。把这个问题交给计算机来完成也会遇到同样的问题。计算机根本不知道什么是轮子，多矮是矮，甚至不知道近大远小的视觉规律。我们也很难用硬编码将这些内容告知计算机。

再比如说，冷战期间，美国人迫切需要翻译大量的俄语文件。当时人们尝试研究用刚诞生不算太久的电子计算机来翻译文件。人们给电脑输入字典，并告知其若干语法规则。但是，翻译的结果很不理想。究其原因，是语言本身蕴含着许多隐含的规则，而这些规则再用语言描述就难上加难。

● 神经网络

与其费心费神地将规律找完后教给电脑，还不如让计算机自己找规律。

我们先来看看我们的大脑。我们人类能思考、会工作，是由若干个神经元组成的神经网络给予我们的。虽然神经元在思考中的作用无非是"收到信号后将刺激传给下一个神经元"，但是这么简单的神经元，万亿个堆叠起来，居然让我们拥有了学习不同学科，并获得长久记忆的能力。

计算机是否也能如此呢？

科学家想出了一种方法。他们建立了拥有大量（数百个到数亿个不等的）中间节点的网络，这些节点按照层次相互连接成网。每个节点代表一个神经元，根据上游神经元的激活与否来决定自己是否激活。最后一层神经元代表输出。

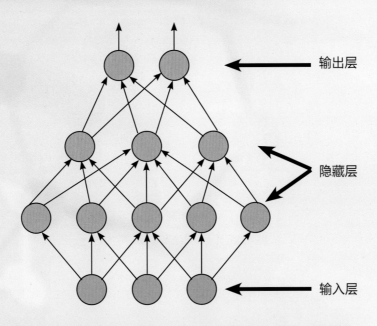

人工神经网络常用的训练方式是"机器学习"。

● 监督学习

人们发现，有很多机械性、需要大量重复的工作可以用机器完成。每天有上千亿封电子邮件在收发，垃圾邮件的检测基本不能靠人工；全世界的网页数与邮件数比起来只多不少，但是搜索引擎仍能对他们进行合理排序——这也是人力难以完成的；有很多文件需要翻译成不同的语言，但是外语人才又面临短缺的问题……诸如此类的问题让计算机科学家开始思考用机器解决问题，即让机器自己去解决问题。这样的需求催化了相关行业的研究，同时也促使科学家不断寻找优化算法、提高硬件性能的方法。

在早期的机器学习中，机器学习的是已经由科学家选择好的指标。科学家先选定一些指标，再将这些特定的指标输入计算机供计算机自己去学习。这样能省去计算机自己寻找特征的麻烦，适合快速地得到简单的分类器。比如，我们小时候和爸爸妈妈坐在公交站，望着川流不息的马路。看见一辆红色奔驰驶过，妈妈就会说："这是小轿车。"看见一辆白色本田，妈妈就会说："这是小轿车。"看见一辆电动车，妈妈就会说："这不是小轿车。"

在这个例子中，知道样本（你所看到的开过来的物体）和标签（是不是小轿车）之间的关系并训练从而得到最优模型，这被称为"监督学习"。如果是计算机，它看到一个"物体"，会先猜一下这是什么，如果猜对了，就会把人工神经网络的各种参数向强化学习成果方向扭动；如果猜错了，就会把各参数向弱化学习成果方向微调。有了这样的反馈和调节，久而久之，人工神经网络就具备猜测是否是小轿车的能力了。

不过需要注意的是，如果样本选择随机性不够，就会出问题。比如，你在马路上看到的汽车都是开得飞快的，你就会认为动起来的就是小轿车。下次你在停车场遇到停放着的小轿车，你可能会觉得这不是小轿车。或者，今天刚好是一队黑色婚车经过，你可能会认为小轿车都是黑色的。这样的人工神经网络认准了假特征的情况，被称为"过拟合"。

但是，一方面，常规的机器学习模型简单，难以学习到复杂的分类方法；另一方面，科学家也难以从图像中提取适合的指标。为了应对这样的情况，科学家们开始思考怎样让计算机自己寻找指标。

这样的算法被称为"无监督学习"。在不给出标签的情况下，要求计算机自己在大量数据中辨识特征并分类，从而学会自己"贴标签"。比如不给出任何提示，要求计算机在大量"车"的图片中辨识出"车"的特征，从而在一大堆图片中认出"车"的图片来。

这种方法能让计算机自己发掘问题。机器能自动提取样本的差异特征，也能忽略与其需求不相干的元素。无监督学习省下了人工设置的麻烦，节省了时间，效果甚至还要好过人工选择。

● 深度学习

深度学习是一种特殊的机器学习。但深度学习的结构更复杂，神经元层数往往更多，效果也比一般的机器学习要好。至于表现好的原因，主流观点认为，深度学习的神经元学习到的特征呈现"低级—较低级—中级—较高级—高级"的级别特征。最底层的神经元，学习到的特征是边线特征；高级点的神经元，会根据边的组合，学习到鼻子、嘴巴，或者是轮胎、窗户这一类别的特征；再根据这些中级特征，学习到人、轿车、卡车、飞机、大象、电脑等类别的特征。

深度学习这一概念出现得很早，但是在相当长的一段时间内，因为硬件条件限制，并没有多少人愿意投入研究。直到后来硬件算力提升，特别是GPU（图形处理器）的广泛运用使得计算机算力大幅提高，才让越来越多的人能方便地运行深度学习软件。

GPU的应用最初是为了加速2D/3D图形绘制，而图形运算常常出现对海量数据进行相同的操作，所以能快速处理大量的简单数据。同时，深度学习依赖海量数据的重复运算，所以GPU也能很方便地运行深度学习程序。

尽管对大多数人而言，人工智能已经是机器人、陪你说话的语音助手、网络商店里的人工客服，但是，对很多科学家而言，制造出像人一样的、能成为我们的伴侣的机器人还有很长的距离，而且他们更愿意将人工智能当成一种能自我学习的工具的称呼。做人工智能，常常是让一个模型表现得很好，而不是做一个机器人来和我们交流。而且，为了准确描述他们的工作，科学家一般不称"人工智能"，而是说"机器学习"或是"深度学习"，更具体的是"计算机视觉""自然语言处理""语音识别""生物特征识别"等。

 **章末思考**

1. 人工智能互动程序可以在人们的口头命令下执行四大功能,是哪四个?
2. 请说出人工智能治疗师的积极因素和消极因素各一个。

 教育视频

本二维码链接的内容
与原版图书一致。为
了保证内容符合中国
法律的要求,我们已
对原链接内容做了规
范化处理,以便读者
观看。二维码的使用
可能会受到第三方网
站使用条款的限制。

扫描二维码,观看一段关于人工智能创造力的视频。

研究项目

通过互联网或学校图书馆来研究"情感之于人工智能机器人"课题，并回答以下问题：我们是否有必要力图造出有情感的智能机器人？

有些人相信，我们应该探寻将情感融入机器人的方法，因为这将使机器人更通达、更灵敏、更有趣，功能更完善，更适合作为社交伙伴。研究表明，人们更喜欢与具有人类特征的机器人进行互动。机器人模仿人类的能力越强，便越能满足人类的需求。

另一些人则认为，机器人拥有情感会导致灾难性的后果。虽然某些控制恰当的情绪在特定的环境中可能是有益的，但过多的情绪会导致机器人效率低下，使人类难以与之合作。机器人可能会拒绝服从人类的命令，甚至做出敌对的反应。它可能无法理解做出生死攸关的抉择会对人们造成什么影响，反而认为只是做出一个"精心计算"后的选择。对待人工智能问题时，我们应该只关注技术，而非情感。

写一篇两页的报告，使用研究得出的数据来支持你的结论，并将报告向你的家人和朋友展示。

关键词汇

类人机器人 —— 外形与人类相似的移动式机器人。

半机械人 —— 体内装有机械或电子设备的人。

假体 —— 可代替身体缺失或伤残部位的人造装置。

控制学 —— 研究人类、动物及机器如何控制和交流信息的科学。

无人机 —— 遥控或由机载计算机控制的无人驾驶飞机或舰船。

第三章　人工智能如何影响整个社会

　　过去，机器代替人们进行非技术性的重复工作，比如工厂劳作。然而，人工智能变得越来越发达，也越来越有能力取代熟练的劳动力，协助进行复杂工作。在劳动力、教育、军事，甚至是儿童保育方面，人工智能正在逐渐显现其成为社会宝贵财富的巨大潜力。

类人机器人与半机械人

　　如果机器人保持外观上的机械性，人们就很容易将它们视为机器。但是，如果我们制造出来的机器人拥有如同皮肤一般的覆盖物，有皮毛，或者其他动物的属性——我们可能难以把它们当作机器。目前我们不仅在试图制造类人机器人（即外观如同人类一样的机器人），还在努力开发半机械人（即体内装有机械或电子设备的人），让真人和动物拥有机器人的一些功能。

　　众所周知，使我们成为人的，并不仅仅是我们的肉身。

　　是思想真正使我们成为人。因此，在认

类人机器人，比如《星球大战》中的C3PO，是一种具有人类基本形态的机器人。然而到目前为止，类人机器人仍然保有一个机械的外观，以清楚表明它们并非真正的人。

可人工智能的智力和性格之前，我们大概不会要求它看起来像人类。事实上，研究人员已经发现，人们可以与在外表上人造痕迹很重的机器人进行互动，建立联系；然而，赋予机器人一些与人类形态相似的特征，比如两只"眼睛"和直立的姿态，更有助于我们维系与它们之间的关系。

研究发现，人们对待人形机器人的态度会更轻松，跟它们相处起来也更舒适。

研究表明，我们对具有人类特征的机器人反应更佳，这些特征包括皮肤、毛发和身体动作等。2013年，佐治亚理工学院的科学家们开发出一种机械皮肤，其上安装了成千上万根细小的机械毛发，若被刷擦或接触按压便会产生电流。配备此种皮肤的机器人便会拥有"触觉"——这项技术最终可以在假体上使用，能代替身体缺失或伤残的部分，甚至可令失去肢体的人恢复体感。

2016年，东京工业大学的研究人员发明了一个配备人形骨骼和微丝"肌肉"组织的机器人——这种组织可以与关节连接，能够像人类的肌肉一样收缩和舒张。这一机器人腿上的肌肉和人类一样多，可以流畅地做出动作，然而，它仍然缺乏力量，需要帮助才能行走。

纳丁与索菲亚

科学家已经结合多种技术，开发出与真人十分相似、能够与人类进行交流的机器人。2013年，新加坡南洋理工大学制作出一个叫作"纳丁"（Nadine）的类人机器人。

纳丁有着跟她的创造者纳迪娅·达尔曼教授一般的细嫩肌肤和飘逸的褐色发丝，现在是大学接待员。她不仅会问候访客、会绽放笑容、会进行眼神交流和握手，甚至还能认出以前来过的访客，并根据之前的谈话内容展开对话。

她有自己的个性，可以根据交流的话题来表达快乐或悲伤的情绪。她的人工智

纳迪娅·达尔曼教授已经在虚拟人物领域进行了30多年的研究。她制造的类人机器人"纳丁"首次被誉为"世上最像人类的机器人"。

能基于与苹果Siri和微软小娜类似的技术。达尔曼教授认为，类似这样的社会机器人将来可以帮助解决儿童看护、社会老龄化，甚至医疗保健服务等方面的需求。

2015年，汉森机器人公司的戴维·汉森博士创造了名为"索菲亚"的类人机器人。她有着逼真的硅胶皮肤，可以模仿62种面部表情。结合计算机算法与"眼睛"中安装的摄像头，她能够"看到"并追踪人脸，能进行眼神交流，识别出不同的人。

通过使用诸如Alphabet的谷歌Chrome语音识别技术这样的工具，索菲亚能够理解语音、谈论话题，而且会随着时间的推移变得越来越聪明。汉森相信，有一天，机器人将与人类几乎无异，它们将能够与人一同行走、玩耍，能够教授并帮助人类，与人类建立真正的亲密关系。众多国家正在面临人口老龄化和劳动力减少的问题，像纳丁和索菲亚这样的机器人将有助于满足世界各地社区的实际需求。

 知识窗

半机械人教授

　　凯文·沃里克是雷丁大学的控制学教授，他可以算是半机械人——即半人半机器。他的体内被植入微型电子设备，并连接到他的神经系统。

　　植入第一枚芯片后，当他靠近特定建筑时，信号会被追踪，门和灯会自动开启。第二枚植入物把他的神经系统连上了互联网，第三枚则让他能够在大西洋的另一边控制机械手臂。

　　他的最终愿望是能够下载自己的感觉和思想，并将其存储在电脑里。他同时也希望跟其他装有类似设备的人进行直接交流——为了帮助他进行实验，他的妻子现在也已经被植入这种设备。

控制学

控制学是探索人工和生物系统的控制机制的一门分支技术。研究这一领域的科学家们刚刚开始往一些动物体内添加电子元件。目前，科学家们并不是在创造人工智能动物，而是在用另一种方式让动物适应我们真正的需要。

东京的研究人员已经找到方法，可以在蟑螂身上植入一种电子设备，这种装置能让科学家通过遥控来移动昆虫的腿——这种装置发出的电脉冲和蟑螂自身的神经系统并无区别，能够使蟑螂朝着控制者想要的方向行走。这项技术也已经在老鼠身上进行了试验。

如果控制学发展到极致，人们将有可能通过在大脑中植入电子元件来获得"超人"的能力。到时候，人们可以用心灵感应来交流，甚至不用药物就能缓解疼痛。这个设想可以运用于许多领域，比如阅读犯罪嫌疑人的思想，以及与不能说话的残疾人交流等。

人工智能与工作岗位

任何社区团体要正常运行，都缺不了许多不合人意、不够体面的工作岗位。这些工作通常会交给一些因技能有限而缺乏更好选择的人。开发人工智能的时候，我们通常将满足人们的需求作为目标，包括做那些我们不想做的工作，或者不能以快速、廉价或高效的方式去完成的工作。然而，如果这些工作被人工智能完成，那些被替下的人将如何谋生呢？

厂房里的许多重复性劳作已经由机器完成。这些机器没有任何智能，但是很快它们就可以完成更多的工作。总会存在一些枯燥、不洁、令人讨厌的岗位，由于需要某些特定技能，我们暂时还没有安排机器去完成，比如打扫卫生、采摘水果，以及一些基本的护理工作如清理医用便盆等。

在这些岗位上，智能机器可能比人类更有效率，因为它们不需要假期，不需要休息，也不会请病假。

熟练工人

并不仅仅是非技术工人有可能被人工智能系统取代。随着法律和医学等领域专家系统的改进，人工智能可能会接手某些需要熟练技能的工种。

如果可以求助专家系统来支持他们的诊断或判断，那么医生或律师就可能不再需要掌握知识系统中过于庞杂的细枝末节。

机器人正在生产汽车的装配流水线上工作。

　　创造力是人工智能发展的另一领域。现在我们已经做出了较为基础的故事写作程序，而电脑也已经能够将简单的音乐片段整合在一起。人工智能系统可以通过让人类尝试其创造的"音乐作品"以了解他们的喜好，也可以分析人类创作的流行音乐或文学作品。如果它可以找到一定规则，并从人类的反馈中持续学习，最终或将能够创造出新的娱乐潮流。

　　人工智能已经被有效地用于教育。试想一名全知全能的老师，有着精湛的教学技巧，能够使用各种各样的方法来满足学生的需求，而且能够用不同的方式解释同一要点，永不厌倦。吉尔·沃森——一个由IBM沃森平台创建的虚拟教学助理（TA），是佐治亚理工学院2016年一个在线课程的九名助理之一。她帮助回复了在线论坛里来自300名学生的上万条信息，没有一个学生知道与他们互动的是人工智能，因为她回答问题的准确率达到了97%。

　　随着技术的进步，人工智能程序能在真实的课堂上提供帮助吗？能够具备教师的某些重要素养，比如积极热忱、关心学生进步，以及具有幽默感吗？

在医学领域，人工智能已经被用于诊断和治疗。2015年，IBM收购了Merge Healthcare，这是一家帮助医生存储和获取医疗图像的公司。IBM利用其300亿张图片来"训练"沃森软件，希冀创造出能够诊断并治疗癌症及心脏病等疾病的人工智能。

电子专用医疗记录系统，这一项目囊括3 700个医疗服务提供方、1 400万名患者的丰富资源，以及医生治疗类似病患的数据。它能够即时挖掘数据并提供相应的治疗建议——与当今医学界采取的方式别无二致。如今，人工智能尚不能取代医生在病床边的位置，但如果它最终在现实中具备了护理者的资格，患者到底是会因为缺失人际互动而感到悲伤，还是会因为没有人每天看到他们的脆弱而觉得欣慰？这就需要我们仔细评估每个人的不同需求。

机器人现在已经能够实施医学生需要训练数年才能掌握的外科手术技术。

美国军方使用和图中类似的机器人来执行各种危险任务，如侦察、引爆和拆除地雷及炸弹等。

军事应用

士兵是最危险的工种之一。如果我们能避免军中伤亡，岂非好事一桩？将人工智能作为士兵或自动武器来使用的愿景使投资源源不断地涌入相关领域。

截至2013年，美国军方拥有超过11 000架无人机——遥控或由机载计算机控制的无人驾驶飞机或舰船——其中绝大部分都是远程操控，而非自主驾驶。2015年，五角大楼开始对一名机器人副驾驶进行测试，它能够说话、聆听，能操作飞行控制系统，以及解读仪表。最终，它将能像真人副驾驶一样起飞和降落飞机，辅助常规飞行，并在紧急情况下接管飞行。它将具备能驾驭舱内操作设备的视觉感知能力和优秀的"身体"条件。

章末思考

1. 类人机器人与半机械人有何区别?

2. 请列举在未来如纳丁和索菲亚这样的社交机器人可以造福社区的三种方式。

3. 吉尔·沃森是谁,她有何事迹?

4. 请描述人工智能在医学领域的两种用途。

 教育视频

本二维码链接的内容与原版图书一致。为了保证内容符合中国法律的要求,我们已对原链接内容做了规范化处理,以便读者观看。二维码的使用可能会受到第三方网站使用条款的限制。

扫描二维码,观看一段关于类人机器人的视频。

研究项目

通过互联网或学校图书馆来研究"人工智能的军事应用"课题，并回答以下问题：是否可以将人工智能士兵用于战争？

有些人声称，在战争中使用人工智能士兵是有好处的，因为这样可以减少人类伤亡。它们不仅能取代面临死亡威胁的人类士兵，还能拯救生命，因为从理论上讲，它们不会疲劳，不会感情用事，也不会犯错。无人机就是一个很好的例子——它们执行任务时效率更高，同时还能减少飞行员死亡的人数。

另一些人则认为人工智能是一项极其危险的技术。如果它们装备上致命武器，却无法随机应变，就会造成严重后果。人工智能士兵可能会射击平民或儿童，无法辨别投降的敌人，或因故障而对附近的人造成伤害。人工智能的运用可能会为技术上最先进的军队带来胜利，而那些发展中国家则会因此而岌岌可危。

写一篇两页的报告，使用研究得出的数据来支持你的结论，并将报告向你的家人和朋友展示。

关键词汇

伦理 —— 判断所作所为正确与否的概念。

公正 —— 不带偏见；没有或不表现出不公平的倾向去认为某些人、事物或观念要优于其他。

哲学家 —— 研究知识、真理、生命的本质与意义等问题的人。

既得利益 —— 人们或集团已获得的，法定的某种特别权益。

第四章　智能机器的伦理问题

　　智能系统要为人类做决定，不能没有人类伦理的指导即做出正确和错误的选择依据。我们做出决定时会考虑各种因素，其中很多都属于伦理问题，因此，智能系统需要对这些问题有一个恰当的理解，才能在人类社会当中开展工作。

树立伦理观

　　伦理观，即是非观。有些时候，很多人都认为伦理问题应被纳入法律之中。例如，大多数人都觉得我们不应该杀人或侵占他人财产，因此谋杀和盗窃在全世界都是非法的；但是人们在某些伦理问题上也存在分歧，例如，大部分素食主义者认为食用动物是不对的，而另一些人则认为这无可厚非。影响人们伦理立场的因素通常包括文化、宗教和地区差异等。大多数人认为人们应该能够自由地选择结婚对象；但在某些国家，包办婚姻却很常见，甚至被视为夫妻最好的结合方式。

　　在一些特定的情况下，我们原本认定的观念也会有例外。有些人尽管他们认为杀人是不对的——也许会觉得，如果一个人处于生不如死的痛苦中并且强烈要求死亡，那么帮助这个人死去不失为一种合情合理的做法；也有一些人认为死刑即处决犯有严重罪行的人是维护正义所必需的刑罚，并且有些国家仍然执行死刑。

　　随着时代的演变，各国在不断地推进自身是非对错评判体系的发展。伦理规范并不是一个人拍脑袋想出来的东西，而是在全体人类不断学习与积累经验的过程中逐渐形成的。通常情况下，人们的伦理观能够推动社会稳步前进。但是，如果出现矛盾，则可能会引起争执或冲突，有时甚至会导致战争或革命。

制定机器伦理规范

在新领域制定伦理规范往往十分复杂且困难。由于背景和成长环境不同，人们对于是非对错有不同的理解，因此很难在给智能机器制定伦理规范这个问题上达成一致。但如果我们想要用良性的方式将人工智能与人类生活融合在一起，就必须努力制定出一套规范。否则，智能系统将遵循自己的逻辑，并有可能做出令人无法接受的决定。例如：人类不会为了节省医疗费用而对一位重病患者见死不救；但一台机器基于逻辑和成本效率做出决策时，它可能会认为放弃治疗是最好的办法。

如果无法分辨呼叫中心的语音是来自机器还是真实的人，这一点对你来说重要吗？

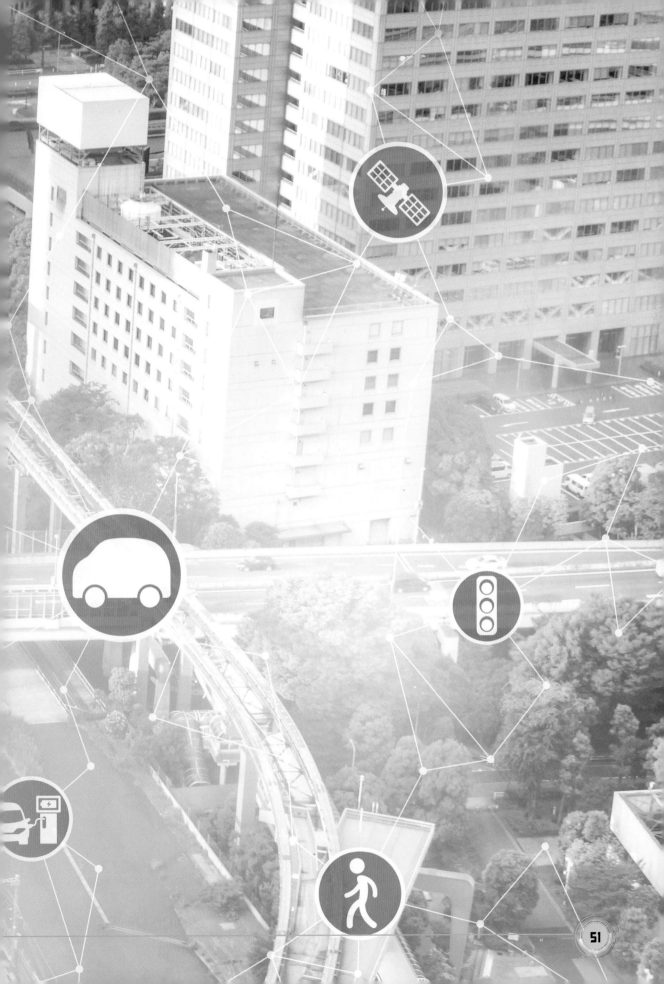

人类可能因为受到诸如公众舆论或经济收益等因素的影响而做出不同的判断，但人工智能系统则会严格遵守其伦理准则。配备完整伦理标准的人工智能机器将遵循其编程设定行事——它别无选择。但是，如果机器真正学会独立思考，它们或许就能够分析和改变我们设定的伦理准则。因此，如若赋予人工智能机器"自由意志"，令其有能力忽视原有编程，将会带来一定的危险。假设有人在做人工智能"自由意志"相关的实验，在此期间病毒或黑客"攻破"了AI系统，或者AI发现编程漏洞而拒绝遵守准则，后果可能不堪设想。综上所述，赋予机器自由意志是一件非常冒险的事——想想那些并不认为谋杀有错的冷血杀人犯，就会明白这一道理。

宗教与人工智能

许多伦理准则与宗教信仰密切相关。在某些国家，人们有宗教信仰的自由，同时法律也保障人们实践信仰的权利。但在其他一些地方，国家以单一宗教为国教，并且不允许国民信仰任何其他宗教。我们可以据此推测，这样的国家也会按照他们的宗教和伦理守则来设定人工智能系统。

如果由一台包含不同宗教和信仰设定信息的智能计算机来判定是非，对我们所有人来说都将可能造成非常严重的后果。人工智能或许会信仰一种宗教而拒绝遵循其原始编程；又或许随着时间的推移，它通过"学习"会选择性地遵循某些程序中设定的伦理规范，而摒弃另一些。

人们很难做出公正的决定。**公正**，即不被自己的情感、观念或利益所影响。在一些地方，我们可能会认为自身不含偏见，因为周围每个人都会做出同样的选择。但是我们有可能已然落于民族或文化偏见的桎梏之中。很多人可能都会同意男孩和女孩享有平等的受教育权，但并非每个地方都是如此。如果将这样的观点输入人工智能系统，可能在部分国家更容易被接受；但如果在世界其他一些地区投入应用，则可能被认为是有偏见，甚至是错误的。绝大多数时候，人工智能极有可能会反映其程序员的世界观和伦理观，然而这些程序员的信念并不统一。

在一些学习活动中，电脑扮演着重要角色。未来电脑能否接替课堂教师这一角色呢？

法律问题

目前，人工智能研究人员的工作自由度很大，因为该领域的法律尚未完善。2015年，超过1 000名人工智能领域的知名专家和研究人员签署了一封公开信，呼吁禁止研发"自动攻击性武器"。签署方包括特斯拉的首席执行官埃隆·马斯克，苹果公司联合创始人斯蒂夫·沃兹尼亚克，谷歌"深度学习"首席执行官戴密斯·哈萨比斯，以及史蒂芬·霍金教授。他们警告称，一场人工智能参与的军备竞赛可能发生在几年而非几十年之后，加之对于遏制战争的威慑力正在逐渐减弱，其时将导致更多的人员伤亡。然而，这一呼声还没有转化为法律，因为立法往往跟不上科学进步的节奏。

正如目前关于动物权利、基因工程和堕胎等主题的争论一样，各国可能会就人工智能的相关法律产生分歧。尽管如此，对单个国家和全世界而言，制定法律都很有必要，因为随着人工智能的不断发展，并非所有人工智能都会用于好的方面——毕竟每个领域都存在犯罪分子。

那些犯罪分子可能会将人工智能技术用于经济或军事目的。我们甚至可以预见"人工智能恐怖主义"的来临，恐怖分子或战争中的国家可能使用复杂的程序来改变人工智能系统的行为方式——无人机可能会被引导去攻击平民，防御系统可能会被人工智能计算机关闭，绝密信息可能会泄露给敌方……尽管人工智能技术可以带来许多好处，但我们无法确定它不会反过来与我们为敌。一项强大的技术在正义之人手中会发挥巨大作用，而在不法之徒手中则会变得十分危险。

在许多技术领域，新的科技进步成果已被用于军事和娱乐，人工智能也不会例外。人工智能系统——无论是机器人、类人机器人还是计算机软件，都可能被用于暴力、色情目的。我们如何防止人工智能威胁人身安全，或被用于不健康的行为当中呢？

如果某人因为使用设计不当的物品而受到伤害，设计师或制造商应承担责任，可能还需要向伤者支付赔偿金。如果汽车制造厂的机器人发生故障，机器人的设计者或汽车公司的所有者应当负责。但一旦我们拥有能够自行设计装备或制造更先进设备的智能系统，那么背后的责任关系将会变得更为复杂。初始系统的设计或编程中的任何误差都可能会导致未来"世代"的人工智能系统发生越来越多的错误，而初代程序员可能会将责任归咎于能够自己做决定的人工智能程序。

佛教学者认为，我们应该过自己的生活，把对其他事物的伤害减到最轻，这可能是指引人工智能发展的一个好准则。但是，人的本性能让我们制造出如此无私的人工智能吗？

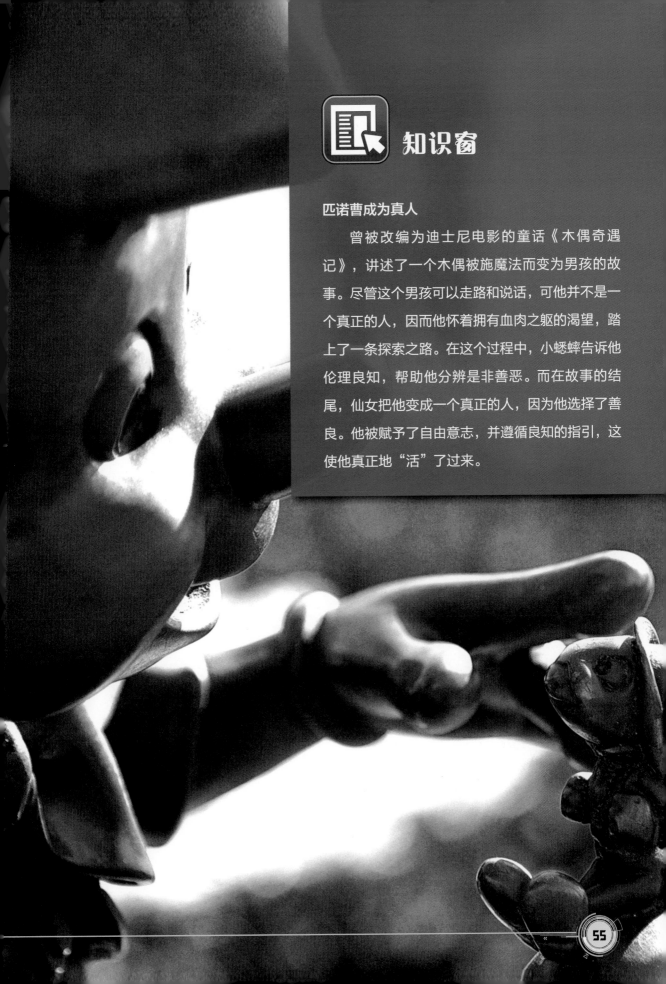

知识窗

匹诺曹成为真人

　　曾被改编为迪士尼电影的童话《木偶奇遇记》，讲述了一个木偶被施魔法而变为男孩的故事。尽管这个男孩可以走路和说话，可他并不是一个真正的人，因而他怀着拥有血肉之躯的渴望，踏上了一条探索之路。在这个过程中，小蟋蟀告诉他伦理良知，帮助他分辨是非善恶。而在故事的结尾，仙女把他变成一个真正的人，因为他选择了善良。他被赋予了自由意志，并遵循良知的指引，这使他真正地"活"了过来。

知识窗

电脑股票经纪人

　　1987年发生了被称为"黑色星期一"的经济危机，部分原因来自当时全球股票市场启用电脑进行股票买卖。当时的系统设置允许电脑自己做决定，由于电脑的运行速度远比人们快，因此它们能够迅速抛售股票，从而压低价格。随着价格的下滑，更多电脑抛售股票，导致价格进一步下跌。倘若整个过程由人来操作，价格跌落的过程可能会慢得多，并且人们可能会很快意识到这一危机。

士兵们在野外设置一个人工智能机器人系统。未来战争中可能会出现武装机器人，这种可能性令不少人感到忧虑。

伦理委员会

在本书中，我们已经看到人工智能如何影响我们生活的方方面面，例如医学、社交和教育等，这些领域中也存在是非问题。那么谁来监测人工智能的发展和突破给我们带来的风险呢？

伦理委员会的成员们聚集起来以讨论研究机构和医院的科学家们进行的工作。委员会中的一些成员是各个学科的专家，一些则是对伦理或道德感兴趣的**哲学家**。哲学家们研究关于知识、真理和生命的本质与意义的议题，同时也会思考诸如对与错、如何定义智慧或生命，以及除了人类以外是否还存在有意识的生物等问题。这种形式的判断无论是对开发人工智能，还是对如何看待我们创建的系统来说都非常重要。哲学家可能是为人工智能制定伦理准则的关键人物，但他们仍可能在一些问题上存在分歧。

除了与同属委员会的同事争论，伦理委员会的成员可能还必须与经济或政治等其他领域的专业人士对话。伦理委员会力图把每个关心此话题的人提出的观点纳入讨论范围，并就是非对错做出判断——也就是说应该允许什么，不应该允许什么。有了一个完整的团队，他们就能够讨论具体案例及更多抽象的问题。

医院的伦理委员会可能会审查个别患者的病例，或者由政府指定调查是否应准许对某个特定区域展开研究。而在人工智能领域，伦理委员会可能会研究智能机器人照顾小孩的风险。每个国家都可以制定自己的法律，而在某些研究领域，这些法律可能会存在很大差异。

人们都倾向于去说服他人，因而有些问题会引发激烈的争论。与人工智能机器进行辩论会是什么感觉？是否应该对人工智能程序进行设置，使其不能改变观点？

许多在人工智能等有争议领域工作的人或多或少都有**既得利益**——他们会抱有获得更多报酬或进一步发展自己事业的意图。在专业领域，这些可能持有偏见的人通常是对这些问题最了解的人。他们对事物的解读会对社会产生巨大影响，因为我们的观点可能就取决于他们所提供的信息，而我们需要确保自己的观点是基于相关事实而非偏见。我们对人工智能的争议了解得越多，就越能够为人工智能相关领域制定公平的指导方针。

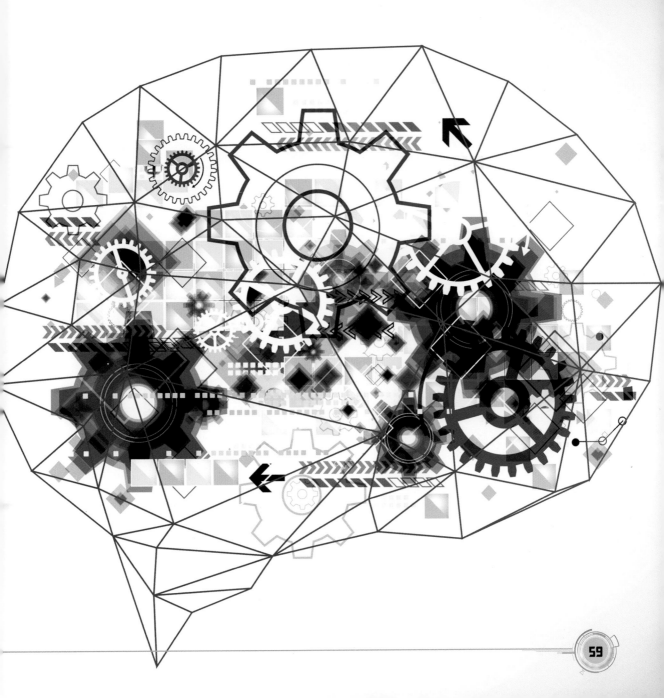

 章末思考

1. "人工智能恐怖主义"的三大潜在危险是什么?
2. 伦理委员会由哪些人员组成,其目的是什么?

 教育视频

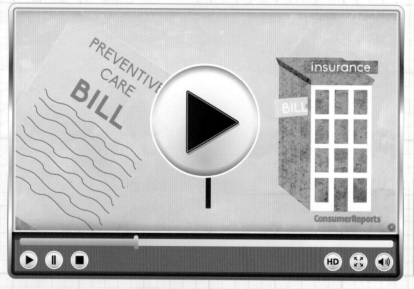

本二维码链接的内容与原版图书一致。为了保证内容符合中国法律的要求,我们已对原链接内容做了规范化处理,以便读者观看。二维码的使用可能会受到第三方网站使用条款的限制。

扫描二维码,观看一段关于对人工智能担忧的视频。

研究项目

通过互联网或学校图书馆来研究"人工智能机器人的权利"这一课题，并回答以下问题：我们是否应该赋予人工智能机器人拥有自由意志的权利，或者自我保护的能力？

有人说人工智能机器人实际上没有生命，因此我们不应给予它们权利。它们是为人类提供帮助的机器，是设计精巧的家电或者电脑。一旦拥有了自由意志，它们或许会凌驾于人类之上，变成人类的威胁。届时，人类若想关闭人工智能机器人或修改其程序，就可能会遭到它们的反抗。

另一些人则认为，如果人工智能机器人可以自主地行动和学习，甚至拥有积极或消极之类的不同"情绪"，那么它们就是有生命的。当前不少机器人都具备以上特质，所以我们应该给予它们一些基本权利。否则，人工智能就会沦为遵从人类指令的新型奴隶，听凭人类生杀予夺。

写一篇两页的报告，使用研究得出的数据来支持你的结论，并将报告向你的家人和朋友展示。

关键词汇

增强 —— 加强、增加、增大、增长。

外骨骼 —— 人造的外部支撑结构。

安乐死 —— 西方一些国家为避免更多痛苦而终止身患重病或重伤患者生命的行为。

第五章　人工智能的未来

　　我们会给予人工智能机器多大的权利，来让它们替代人类做出选择？从某些方面来说，一些重要的选择已经交给人工智能，例如银行利用电脑筛选出有偿还能力的贷款人。如今，越来越多的抉择由电脑完成，而我们亲自参与管理世界的机会则在减少。过度依赖我们不能直接掌控的系统有很大隐患。如果人类过度依赖人工智能系统，一旦系统因为病毒或程序错误而死机，人类社会最终将无法继续运转。

　　但话又说回来，人工智能的创新给人类带来了极大的好处。随着人工智能研究的发展，科技获得了日新月异的进步。人工智能被应用于越来越多的领域，人类的生活质量也越来越高。人工智能的未来既令人兴奋，同时又隐含危险，每一代人工智能都需要输入足够多的信息才能做出明智的选择——这一点非常重要。

麻省理工学院是人工智能发展领域的领头羊。除了图中这样的实验室，它还设有专门研究人工智能伦理的分支机构。

人工智能的复制

计算机擅长处理需要逻辑和运算的任务——它们在这方面已经领先于人类。这意味着在设计其他计算机时，它们可以发挥非常重要的作用。与人类相比，一台智能计算机可以更好地完成制造、改良智能计算机的工作。但是否能说，只有将设计和制造人工智能的工作掌握在人类手里，我们才能高枕无忧呢？就目前而言，我们是根据需求来相应地设计新型机器，如果把这项工作交给计算机，它的设计或许会与我们的预期有很大的偏差。计算机在改良模型或机器时的"想法"并不一定总能契合我们的要求。

麻省理工学院已经开始着手利用计算机来设计智能机器。他们致力于开发一个设计系统，使机械设计师可以和计算机通过"白板"交流——像普通的人际沟通一样画草图和交换想法。计算机可以提出有价值的问题，进行计算，并给出建议，然后很快地得出优化计算机的设计方案。

机器人的进化

在科幻小说和电影中，经常会出现计算机或机器人统治世界的描述。有人担心这也许会在未来成为现实。

如果我们创造的人工智能系统可以设计其他人工智能并且进行自我优化，那么它可能会开始"思考"人在这个世界中扮演的角色。战争、饥荒、环境破坏……都可能是人工智能想要结束的恶行。按照这个逻辑，人工智能可能会认为人类在治理地球方面一无是处，而机器会更胜一筹。智能

在包括《终结者》系列电影在内的很多文艺作品中，都探讨了智能机器毁灭人类世界的可能性。

知识窗

大数据

　　人脑可以"自动"将事物进行分类，但只有经历足够多，才能区分猫和狗，辨别印度食物和韩国食物。这条定律也适用于人工智能。

　　即便是最先进的计算机也要下1 000次棋才能成为高手。目前人工智能领域的部分突破建立在从人类世界所收集到的巨量数据的基础上即我们所谓的"大数据"，这些数据为人工智能提供了必要的信息。

　　好比你在网上搜索过"项链"，之后，你访问的网站上可能就会出现项链广告——这便是大数据起了作用，它能获知你所感兴趣的产品类型。

　　海量的数据库、自追踪、网络Cookie、在线足迹、日夜不停息的搜索……整个数字世界都可以任由人工智能学习。

机器最终从人类手中接管地球似乎仍然难以想象，那么，这种场景只会存在于噩梦当中还是有可能成为真的威胁？

就此问题，研究人工智能的学者没能达成一致。有些学者认为我们很安全，因为我们掌控着机器的能源和制造，我们可以切断能源供应或停止制造机器；而另一些学者则认为，人工智能程序可以通过互联网进行交流，它们或许有能力控制电网，并有足够的智能来规避人类的控制。我们对计算机操控系统的依赖性如此之大，完全有可能沦为机器的"人质"，它们有可能引爆炸弹、摧毁警察系统，或引发经济危机。

人工智能创新

尽管拓展人工智能的范围和能力会有很大风险，但人工智能也可以造福人类。

人工智能也许可以解决目前棘手的问题，并赋予人类一些曾经只敢遥想的能力。

10多年来，谷歌一直致力于研发无人驾驶技术。截至2017年初，谷歌的无人驾驶原型车已经行驶了170万英里（约合274万千米）。谷歌希望能够在2020年普及该技术。

延长人类寿命和挽救生命是研发人工智能矢志不渝的目标之一。人工智能可以用来照顾老人，让他们可以更好地自主生活。这样一来，有养老负担的人们也可以继续工作，同时国家医疗支出也有望减少。

有了人工智能，汽车不仅能够逐渐实现自动驾驶，还有可能减少交通事故的发生。

另一个振奋人心的研究范围是人工智能可应用于**增强**人类的能力。

电子人（Cyborgs）可能不再仅是科幻小说中的概念，也许我们真的可以将科

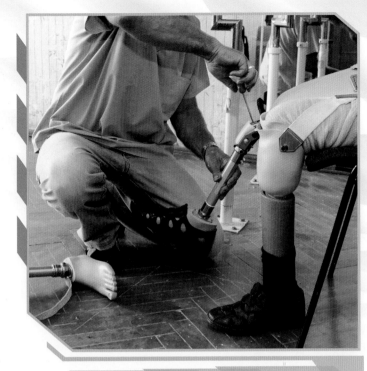

将来，人工智能技术可以帮助失去肢体的人改善假体装置。

学技术运用到人类的身体上。如果我们拥有可以和大脑协同工作、赋予我们超强记忆力，以及能处理复杂数学运算的人工智能设备，生产力会提高多少呢？如果我们能用大脑连接互联网并"下载"技能，比如打字或学习语言，世界会变成什么样子呢？如果有人失去了肢体，我们可以创造相应的人工智能来操控机械肢体，做出精细的动作——沿着这个方向进行研究，智能**外骨骼**可以帮助年长者轻松地步入老年生活。

随着机器人变得更加智能，感情更加丰富，它们可以和人类进行无缝对话。这有可能会改变我们的社交活动方式，因为到时候人们的注意力会从宠物和人际关系转移到人工智能上。从照顾儿童到陪伴老年人，人工智能系统可能刷新我们的家庭观和社交观。

20世纪，许多自动化系统取代了工人，那么进入21世纪后又会发生什么呢？

科技进步带来的影响

　　随着人工智能创新向前推进，深远的影响也接踵而至，我们必须思考如何去处理这些关注点。如果人工智能技术可以实现电子人，可以增强人类的能力，那恐怕只有富人才有这样的改造机会，与此同时，穷人支付不起大脑移植或仿生肢体的费用，贫富差距恐怕会进一步拉大。

　　智能社交机器人是否会大幅减少人与人之间的交流，是否会影响人际交往的质量？如果人们可以与更容易相处且性格直率的机器人进行互动，那么他们还会选择和可能喜怒无常、表里不一的人类做朋友吗？诸如发短信或使用社交媒体这样简单的事情已经对人们的面对面交流和实时电话沟通造成了巨大影响。人工智能可以从根本上改变人们对待人际关系和社群的态度——无论是好还是坏。

　　如果人工智能系统既接管了粗活又能干技术活，那么被它们替换下来的失业人群将会如何？过去几年里，美国失业率不断上升，心理障碍问题在人群中的发生比例和犯罪率也随之提高。任何部门的工作都有可能由机器人完成。这一影响可能会渗透到教育行业：如果一个人因为接受教育而背负债务，只得到很少的工作机会，那么他继续深造的回报就会减少。人类会不会因为对社会的贡献变少而"贬值"？如果是这样的话，那么关于堕胎和安乐死的法律——为了让他人免于痛苦而有意地结束其生命——会受到什么样的影响呢？

展望

数十年后的未来，人工智能机器可能与人类别无二致。经过精心设计，它们可以作为独立的存在来思考、学习、感知及行动，能够无限量地扩充知识和提高效率。好似生物学和化学的发展——既带来了全新的药物，也带来了化学战之类的危机——人工智能也充满了无限潜力和巨大风险。

随着技术的迅猛发展，人类必须去预测可能面对的挑战。伦理委员会需要思维缜密的成员来编写完善的关于人工智能的伦理规范；政府官员、法官和律师要齐心协力制定人工智能领域的相关法律；军队领导要严格限定智能系统在战争中的应用……这些人员必须进行跨领域交流，使人工智能技术的益处最大化而危害最小化。人们对人工智能的了解和交流越多，我们就越有可能在前进的过程中做出更明智的决定。

进阶阅读
AlphaGo与AlphaGo Zero：强中自有强中手

AlphaGo战胜李世石、柯洁等一流围棋选手的事情已经发生一段时间了，现在又有了能在短时间内打败AlphaGo的AlphaGo Zero，计算机的运算能力似乎超过了人类。如何看待这一问题呢？

Alpha，指的是第一个希腊字母α。这个字母在IT行业中运用较广。软件开发中有Alpha版本，意思是不稳定的内测版本。同时，也有一些IT产品本身以Alpha命名，比如WolframlAlpha。Go则是"围棋"的意思。这两者结合在一起，懂行的人看到这个名字，会说，哦，应该是一个和围棋有关系的IT产品吧！

至于AlphaGo翻译成"阿尔法围棋"还是"阿尔法狗"，这是仁者见仁的事情。习惯上，在十分正式的场合会称"阿尔法围棋"。

● AlphaGo Zero是怎么打败AlphaGo的？

在AlphaGo打败GoRatings世界围棋等级分排名第一的柯洁后，谷歌又推出了AlphaGo Zero。经过3天的自我对弈后，AlphaGo Zero就已经成为能够打败"已战胜李世石"的AlphaGo版本。那么，AlphaGo Zero又是何方神圣呢？

在开发AlphaGo的过程中，技术人员向其输入了成千上万个棋谱以供其学习。而在AlphaGo Zero中，科学家并没有对其成长做出任何干预，而是让它自我对弈。

一开始的AlphaGo Zero，并不会任何招数。它会的只是在棋盘上随机下棋。慢慢地，它似乎找到了规律，开始有方向地圈地盘和攻杀。在40天的自我对弈后，它超过了打败柯洁的版本。

AlphaGo Zero是一个有里程碑意义的作品。它意味着机器的自我学习能力已经进化到通过左右手对弈来学习的程度了。这意味着，人工智能的训练，可以不需要他人帮助，不需要外部资料，不需要交流就能够创造出一个强大的智能。

● "舍"和"得"

计算机打败人类、机器统治人类的时代要来临了吗？

事实上，在同等条件下，计算机在很多方面不及人类。比如，人类能不经过训练就认出自己见过的人，而计算机往往需要通过精心设计的程序才能在大量数据的训练后识别出人像。在嘈杂的环境，你也能过滤掉噪音，听清楚你想听到的东西，而计算机往往不能；每天，我们接收到大量图像、音频、味觉和嗅觉信息，又能恰如其分地将最关键的部分保留，而将足以填满超级计算机的"无关数据"抛弃。

但是，再怎么厉害的人类，在1秒钟内能给十万个数字排序或者计算数十万道计算题吗？而家用计算机却完全能做到这一点。

总的来看，计算机与人类在比试中互有胜负。人类胜在能灵活地处理各类情况，计算机胜在能高效率地处理海量的数据。

擅长与不擅长，都是有合理性的。在漫长的进化历程中，为了生存，人类的大脑一直向着如何更好地生存的方向进化。人之所以能拥有控制运动、说话、想象、记忆面部的能力，是因为人需要狩猎、交流、预测未来与社交。相应地，计算微积分、进行大量四则运算的能力则不是必需的。为了减少大脑的"开销"，人类在进化中舍去了这些鸡肋般的"模块"，获得了一些更高级的能力。

而人脑所拥有的独特模块——运动、图像识别、想象——是远比计算机复杂的。计算机没有这样的模块，它们只能通过"人工神经网络"等方法来模拟人类思考。但是模拟出来的智能总是很难比得上原生的，因此人工智能之路依然任重而道远。

 **章末思考**

1. 人工智能能够造福社会的四大创新是什么？

2. 如果未来人工智能继续发展，请列举三个需关注的负面影响。

 教育视频

本二维码链接的内容
与原版图书一致。为
了保证内容符合中国
法律的要求，我们已
对原链接内容做了规
范化处理，以便读者
观看。二维码的使用
可能会受到第三方网
站使用条款的限制。

扫描二维码，观看一段关于人工智能未来发展可能性的视频。

研究项目

通过互联网或者学校图书馆来研究"社会人工智能"课题，并回答以下问题：人与智能机器人之间的社会关系会对人类产生积极影响吗？

有些人认为，人与智能机器人之间的关系十分有益，因为机器人可以随时待命；它们乐于合作，并且其设计初衷就是帮助人类。这种积极关系可以形成范式，帮助人们更好地进行合作。如果可以和智能机器人一起生活，那些缺少陪伴的人将不再孤单，也会更加快乐。当然，人们仍可以选择与其他人会面，因此智能机器人并不一定会破坏人际关系。

另一些人则认为，人际互动不可能真正被取代，因为智能机器人无法拥有人类的幽默感、想象力和率性，也不懂什么是真爱。因此，对于那些依赖智能机器人来满足社交需求的人而言，他们永远无法真正得到满足。此外，由于智能机器人不会提出异议，也不会质疑别人的坏主意，因此人们无法从它身上学会如何用正确的方式解决冲突。这样一来，人们可能会习惯主仆式的关系，而无法适应平等的人际交往。

写一篇两页的报告，使用研究得出的数据来支持你的结论，并将报告向你的家人和朋友展示。

关于作者

戴夫·邦德（Dave Bond）是一位自由撰稿人，居住在美国新泽西州的哈肯萨克市。他毕业于罗格斯大学，该学校是北美顶尖大学学术联盟"美国大学协会"(AAU)的成员之一。戴夫·邦德撰写了大量关于科学和工程学方面的文章及论文。

致谢

张洋、陈治帆为本书"进阶阅读"部分的内容提供了支持和帮助，谨此致谢！

图片版权所有